Tilly Tierlieb

ist Tierärztin und heißt eigentlich Dr. Ottilie Mann. Schon als kleines Mädchen hat sie ihren Spitznamen „Tilly Tierlieb“ erhalten. Kein Wunder: Sie hat Tiere schon immer geliebt.

W0348290

Frau Förster

ist die Mutter von Sina und Max und genießt es, am Stadtrand zu leben: Im Grünen und doch nah bei der Stadt. Als Kind hat sie gern mit Katzen gespielt.

Herr Förster

ist der Vater von Sina und Max und freut sich immer über einen Grund zum Basteln. Er baut alles: eine Puppenwiege, einen Kaufladen und natürlich auch eine Hasenburg für Schnuffi!

Margot Scheffold

Tierärztin Tilly Tierlieb

Kater Karlchen

Illustriert von Dorothea Tust

BAUMHAUS VERLAG

Alle Angaben in diesem Buch sind sorgfältig geprüft und erfolgen nach bestem Wissen und Gewissen. Sorgfalt bei der Umsetzung ist dennoch geboten und jeder Anwender muss selbst prüfen, ob die Angaben nicht durch neuere Kenntnisse überholt sind. Dazu gehört z. B. im Zweifelsfall einen Tierarzt zu konsultieren, Beipackzettel zu Medikamenten zu lesen und Gebrauchsanweisungen zu befolgen.
Der Verlag und die Autoren übernehmen keinerlei Haftung für Personen-, Sach- oder Vermögensschäden, die aus der unsachgemäßen Anwendung der vorgestellten Materialien und Methoden entstehen könnten.

Wir danken Dr. med. vet. Kristian Faulstroh
von der Tierärztlichen Klinik Dr. Eichhorn & Dr. Faulstroh
für seine fachliche Beratung.

© 2005 Baumhaus Verlag GmbH,
Frankfurt am Main

Lektorat: Gabi Strobel / Sigrid Burkhart
Umschlag: Jutta Hohl-Wolf
Layout u. Typographie: Helmut Schaffer / Hans-C. Clas
ISBN 3-8339-3603-7

Alle Rechte vorbehalten

Gesamtverzeichnis schickt gern: Baumhaus Verlag,
Juliusstraße 12, D-60487 Frankfurt am Main
http://www.baumhaus-verlag.de

5 4 3 2 1 05 06 07 08 2009

Inhalt

Katzenjammer 5

Reingefallen! 12

Oh Mann, Frau Mann! 20

Samtpfötchen 29

Spiel mit Überraschung 37

Molli Findelkatz 49

Floh im Ohr? 58

Katzennotdienst 67

Kater Karlchens Auftritt 78

Schmusekater zu vergeben 89

Kater Karlchen –
nicht zu stoppen 98

Kleiner Kater ganz groß 105

Tipp vom Tierarzt 121

Katzenjammer

„Ooooh *Mann!!!*“ Entnervt schlägt Sina ihr Buch zu und wirft es auf den Gartentisch. „Karlchen Tatz ist schwer verliebt“ heißt es und sie hat sich seit Wochen darauf gefreut, es zu lesen. Schon die ersten beiden Bände waren toll: „Karlchen Tatz – ein kleiner Kater kommt groß raus“ und „Karlchen Tatz ist nicht zu stoppen“. Spätestens seit dem zweiten Band ist sie richtig verliebt in den Papiertiger. Deshalb hat sie sich ja so sehr auf Band drei gefreut, denn da wird der Kleine kuschelweich. „Schwer verliebt“ – das klingt richtig gut! Doch stattdessen ist Sina

schwer genervt. Maximal genervt, um genau zu sein. Denn wütend macht sie nicht ihr Buch, sondern ihr Bruder: Max. Und der ist *kein* Papiertiger – und sein Geschrei ist auch nicht von Pappe: „Ohmann-ohmannohmann!“, schallt es quer durch den Garten. „Super-Schuss, Lenni! Wahnsinn!“

„Oooooh Mann!!“, stöhnt Sina zum zweiten Mal und es klingt ganz anders als bei ihrem Bruder – am ehesten wie ein Alarmsignal. Denn Sina ist sauer. So richtig supersauer: Max belegt Lenni mit Beschlag – und mit Fußball. Dabei ist er erst sechs, also viel jünger als Lenni und sie. Lenni ist fast zehn und Sina wird bald neun. Da hat man viel gemeinsam und kann sich allerhand erzählen.

Über Bücher zum Beispiel. Tierbücher vor allem. Max kann ja noch nicht mal richtig lesen.

Über Tierfilme im Fernsehen. Na gut, dabei kann auch Maxi mitreden.

Oder über das Pony, das Sina pflegt. Lenni liebt den kleinen Apfelschimmel. Maxi mag ihn auch, aber er würde ihn nicht freiwillig besuchen.

Lenni tut das – vor allem dann, wenn Sina bei Rocky ist.
Aber Maxi mag Fußball. Wie Lenni. Und er mag Schnuffi. So wie Lenni seinen Hops. Und Schnuffi mag Hops. Deshalb bringt Lenni sein Zwergkaninchen im Transportkorb mit, wenn er seine Freunde besucht. So wie heute. Doch statt zu dritt mit den Hasen zu spielen, johlen die Jungs einem Ball hinterher und Sina sitzt mit einem Buch auf der Terrasse. Aber brüllen kann sie auch!
„Maaax?“, ruft sie. „Wo ist eigentlich Schnuffi?“
Doch Maxi hört sie nicht. Er rast durchs Gras und schlägt Haken wie ein Hase.
„Lenni?“, probiert es Sina bei ihrem Freund. „Und wo ist Hops?“ Immerhin bekommt sie nun eine Antwort.

„Keine Ahnung“, ruft Lenni über die Schulter, „bei Schnuffi?“, und verschwindet hinter dem Haselstrauch. „Macht unser Lager nicht kaputt!“, schreit Sina noch hinterher und murmelt: „Geh’ ich eben zu den Hasen.“

Schnuffi und Hops sind dicke Freunde. Obwohl ... dick ist eigentlich nur Schnuffi. Und riesengroß. Hops dagegen ist ein Zwergkaninchen. Ein Wohnungshoppel. Schnuffi ist ein Gartenmümmel.
Mümmelmann und Minihoppel sind befreundet. So wie Lenni und Sina – wenn es nicht gerade um Fußball geht. Und wie Sina und Max – wenn es nicht gerade um Fußball geht. Oder wie Max und Lenni – vor allem, wenn es um Fußball geht. Also maximal, sagt Max: „Jungs sind eben die besten Kumpel."

Alles Blödsinn, findet Sina. Und Schnuffi wohl neuerdings auch. Denn selbst wenn Hops zu Besuch kommt, lässt Schnuffi sich kaum blicken. Meistens verschwindet er unter dem hölzernen Anbau, in dem sein Häuschen steht und taucht stundenlang nicht wieder auf. Sein kleiner Kumpel hopst lustig durch die Wiese, doch Schnuffi wird immer träger.

„Superschnuff, wo steckst du denn?“, versucht Sina ihn zu locken. Mit einem Büschel Löwenzahnblätter läuft sie zur Veranda. Bestimmt hockt Schnuffi wieder mal darunter. Ob er schmollt?
„Riech mal“, ruft sie, „hier gibt’s was Feines“, und geht ganz dicht an die Veranda heran. Auf einmal sackt ihr Fuß weg. „Au!“, schreit Sina. „Hilfe!“ Und: „Mamaaa!“

Reingefallen!

„Mama! Lenni! Maxi! Schnellschnell-schnell!“ Sina brüllt wie am Spieß und wird plötzlich ganz still. Jetzt sind alle alarmiert. Mama kommt aus dem Haus und spurtet über die Terrasse. Max sprintet von der Hecke quer über die ganze Wiese. Und Lenni schießt hinter dem Hasel-strauch hervor und rast ebenfalls zu Sina. So schnell, dass er Max noch überholt.

„Schaut mal!“, flüstert Sina und starrt mit glänzenden Augen auf den Boden. In einem Erdloch steckt ihr Fuß – und daneben, hinter Gras-

klumpen, bewegt sich etwas: Vier, nein fünf, klitzekleine Tierbabys. Sie sind nackt und haben die Augen geschlossen, aber ihre Öhrchen sind schon ziemlich lang. Vorsichtig zieht Sina ihren Fuß aus dem Loch. Ganz vorsichtig und behutsam.
„Kaninchenbabys!“, sagt Mama.
Dann fällt ihr gar nichts mehr ein.

Da sehen sie, dass aus dem Erdtunnel gleich hinter der Kaninchen-Kinderstube Schnurrhaare schauen. Und eine kleine Hasennase: Schnuffi hockt hinter den Kleinen. Vorsichtig schnuffelnd hoppelt der Riesenhase nun in die Kinderstube. Dort dreht er den Kopf und schaut vorwurfsvoll nach oben.

„Er ist sauer“, sagt Max.
„Kein Wunder“, grinst Lenni. „Sina hat sein Dach eingetreten.“
Jetzt hat auch Mama ihre Sprache wiedergefunden.
„Bist du hier etwa eingebrochen?“, fragt sie Sina. „Hast du dir wehgetan? Kannst du den Fuß noch drehen? Beweg mal dein Bein – geht das?“

„Ja, Mama! Kein Problem“, versichert Sina. „Ehrlich! Ich war nur erschrocken. Zum Glück bin ich nicht auf das Hasennest getreten!“
„Kaninchen“, verbessert sie Mama. „Hasen graben keine Löcher – und ihre Jungen bringen sie auf offenem Feld zur Welt.“

„Also ist Schnuffi ein Kaninchen! Wie Hops, nur viel, viel größer.“ Lenni ist begeistert. Max erst mal weniger: „Und Schnuffi ist ein Määädchen“, sagt er und dehnt das Mää wie ein Schaf. Genauso kommt er sich auch vor: Schnuffi Mümmelmann – der Weiße Riese mit dem schwarzen Fell. Schnuffi, der tapfere Wachhase. Superschnuff, der Kumpel von Hops. Schnuffi Mümmelmännchen ist ein Mümmelmädchen!

Als wollte er das beweisen, legt sich Superschnuff ganz sanft neben den Babyhaufen. Als sie das warme Fell spüren, kommt Bewegung in die kleinen Nacktkaninchen.
Sie strampeln sich frei, krabbeln

über-, unter- und durcheinander und wuseln blindlings zu Schnuffis Bauch. Der ist jetzt gut zu sehen: prall und rund und mit acht kleinen Zitzen.
„Oh Mann, oh Mann, Schnuffi“, seufzt Max aus tiefstem Herzen. „Du bist ja eine Frau! Da sind wir ganz schön reingefallen.“

Mama ist noch immer sprachlos: Fünf Schnuffibabys auf einmal – und keiner hat was gemerkt.
„Also deswegen warst du so moppelig!“, sagt Sina zu Schnuffi.
„Und deswegen warst du immer weg“, ergänzt Lenni: „Du hast dein Kinderzimmer ausgebuddelt!“
„Nur leider zu weit draußen – und nicht tief genug!“, kräht Max. „Wenn Elefanten drübertrampeln, muss ein

Höhlenhaus stabiler sein!“ Lenni boxt ihn an, aber Sina ist kein bisschen beleidigt. Sie lächelt, sie grinst, sie strahlt: Sie fühlt sich als Entdeckerin. Und Lenni hat jetzt auch kein Fußball mehr im Kopf.

Er ist wieder ganz der Alte. „Das müssen wir unbedingt Tilly Tierlieb erzählen“, erklärt er eifrig. „Genau!“, bestätigt Max. „Ich fahr’ euch hin“, sagt Mama schnell. Sie ist froh, dass die Kinder die Tierärztin so gut kennen. Lenni lockt Hops in sein Transportkistchen, hebt das Hopshaus hoch und sagt: „Wir sind so weit!“ Und schon geht es los.

Die Autofahrt wird ziemlich laut. Alle rufen durcheinander. Max am allermeisten – und immer dasselbe: „Schnuffi ist ein Mädchen! Schnuffi ist ein Mädchen! Ein *Mädchen*!! Und ich hab' immer gedacht, er und Hops sind Kumpel!"

„Sind sie doch trotzdem", sagt Sina und lacht.
„Logisch, wieso nicht", meint Lenni – und Mama schaut schmunzelnd in den Rückspiegel. Aber sie sagt nichts mehr, bis sie vor der Praxis halten.

Oh Mann, Frau Mann!

„Kleintierpraxis Dr. O. Mann“ steht auf dem Schild, das neben der Tür hängt. Max rennt die Stufen hinauf und drückt auf die Klingel. Die Tür geht auf und eine nette Frau begrüßt die Kinder. „Wollt ihr zur Frau Doktor? Um wen geht’s denn diesmal?“
„Um Schnuffi!“, rufen Lenni, Max und Sina zugleich. Jetzt sind sie wieder ein Dreierteam, das Tilly-Tierlieb-Team. Im Frühjahr haben sie sich hier im Wartezimmer kennen gelernt. Lenni mit Hops, Max und Sina mit Schnuffi. Doktor Ottilie Mann hat ihnen ihren Spitznamen

verraten – Tilly Tierlieb. Und sie hat versprochen, den drei Freunden noch ganz viel über Tiere beizubringen. Mit den Kaninchen fing es an. Mit einem Pony ging es weiter: In den Sommerferien entdeckte Lenni den traurigen Rocky. Der kleine Apfelschimmel wurde fast verrückt vor Einsamkeit. Und dann bekam er auch noch eine Kolik. Sina und Tilly Tierlieb konnten ihn retten. Seitdem sind die Kinder in der Tierarztpraxis gern gesehene Gäste.

Die Helferin verschwindet hinter einer Tür, auf der „Sprechzimmer" steht. Nach ein paar Minuten kommt sie zurück und lässt die Tür hinter sich offen.

„Ihr könnt hineingehen", sagt sie. „Aber seid vorsichtig – es ist ein Patient da."

Tilly Tierlieb hat eine rot getigerte Katze auf dem Behandlungstisch. Mit einer Hand hält sie ihren Kopf, mit der anderen schiebt sie ihr eine Plastikspritze seitlich in den Mund und drückt langsam ab. Die Katze rollt die Augen und schlägt nervös mit dem Schwanz hin und her, aber sie kann sich nicht losreißen. Die Tierärztin hält ihr Köpfchen und eine Frau drückt ihren Körper auf den Metalltisch. Dabei spricht sie beruhigend auf sie ein.
„Keine Angst, Lilli! Das tut nicht weh, Lilli. Schön brav, Lilli. Gleich hast du's geschafft, Lilli."
Sie spricht langsam und leise und dehnt die Wörter. Nur den Namen der Katze betont sie ein bisschen mehr: Lil-li. Sie sagt das ganz lieb und sieht ihre Katze dabei an.

Aber einmal hebt sie den Kopf und lächelt den Kindern zu.
Jetzt ist die Tierärztin fertig. Vorsichtig zieht sie die Spritze zwischen Lillis Zähnen hervor. Die Spitze ist abgeschnitten.

„Ich habe ihr eine Salbe gegeben, die sie sonst nicht schlucken würde“, erklärt Tilly Tierlieb den Kindern. „Eine Wurmkur.“
„Wie bei Rocky!“, erinnert sich Sina. „Als Sie ihm den Magen gespült haben!“
„So ähnlich“, lächelt Doktor Mann. „Aber hier geht es um eine regelmäßige Vorsorge, damit Lilli gar nicht erst krank wird. Das ist übrigens Frau Schwarz – und das sind die Kinder, von denen ich Ihnen erzählt habe.“
Frau Schwarz hält Lilli fest auf dem Arm und streichelt sie. Dann bedankt sie sich bei der Tierärztin und verabschiedet sich. Zu den Kindern sagt sie: „Weiter so, ihr Tierfreunde! Vielleicht sehen wir uns wieder. Zumindest, wenn es um Katzen geht.“

Tilly Tierlieb lächelt: „Frau Schwarz mag Katzen ganz besonders. Sie hat schon viele Straßenkatzen bei sich aufgenommen und gepflegt. Sie zähmt sie und gewöhnt sie ans Haus. Sie spielt mit ihnen und kümmert sich um sie. Sie sorgt für ihr Fressen und Trinken. Und für ihre Gesundheit sorge ich."
„Besucht mich doch mal", lädt Frau Schwarz die Kinder ein und nickt Mama zu. „Jasminweg 8." Und weg ist sie.

Endlich können sie Tilly Tierlieb erzählen, was Sina entdeckt hat.
Die Tierärztin lacht. „Ich wollte euch das letzte Mal schon sagen, dass Schnuffi und Hops keine Kumpels sind – oder doch. Naja, Maxi hat sich jedenfalls getäuscht. Leider sind wir im Gespräch wieder von dem Thema abgekommen, deshalb habe ich verpasst, euch vorzuwarnen."
Und weil die Mutter von Max und Sina so böse dreinschaut, entschuldigt sich die Tierärztin: „Tut mir Leid, wenn Sie nun Ärger haben. Ich wundere mich selbst ein bisschen, dass

der Größenunterschied bei Kaninchen so wenig ausmacht. Tja, Lenni, Hops ist wohl der Vater von Schnuffis Babys! Aber sie macht das schon. Ihr müsst nur dafür sorgen, dass kein Hund oder eine streunende Katze die Kleinen erwischt. Wenn Schnuffi immer ausreichend zu fressen und zu trinken bekommt, zieht sie ihre Babys alleine groß. Das geht schnell. Bald werden sie durch euren Garten hüpfen. Aber wenn wir so was in Zukunft vermeiden wollen, müssen wir Hops operieren. Kastrieren heißt das."

Als sie die erschrockenen Blicke der Kinder sieht, beruhigt sie die drei: „Das ist ein Routine-Eingriff. Das Tier kommt zwar in Narkose, aber die Operation selbst ist kein Problem. Bei Katzen macht man so etwas besonders oft. Vor allem, wenn sie draußen unterwegs sind. Menschen wie Frau Schwarz sorgen dafür, dass herrenlose Katzen nicht endlos viele Junge kriegen, die dann wieder nur herumstreunen und zum Beispiel Vögel fangen. Mit wilden Katzen ist nicht zu spaßen. Aber zahme Katzen sind für viele Menschen das Süßeste, was es gibt. Schaut mal, was im Wartezimmer auf allen Tischen liegt!“

Samtpfötchen

Maxi ist als Erster draußen. Genauso schnell, wie er weg war, kommt er zurück – mit Schmollschnute.
„Ein Zettel mit Katzenbild“, mault er. „Ich kann das nicht lesen.“
„Gib her“, sagt Lenni und liest vor: „Samtpfötchen – der Verein.“ Er gluckst: „Ganz schön scharf, die Samtpfote!“
Jetzt sehen es auch die anderen: rechts oben auf dem Blatt ist ein Muster zu sehen, das den Pfotenabdruck einer Katze zeigt. Man sieht die kleinen, weichen Ballen – so ähnlich wie bei einem Hasen. Oder einem Riesenkaninchen. Nur runder.

Und die Kratzspuren der Krallen sind ebenfalls aufgemalt. Als dünne Linien laufen sie in den schwarzen Pfotenabdruck hinein.

„Lies weiter“, fordert Tilly Tierlieb auf und Lenni fährt fort: „Damit die Stubentiger nicht im Freien wildern oder unter die Räder kommen, kümmern wir uns um streunende Katzen und Kater. Im Jasminweg 8 finden Sie eine Anlaufstelle für herrenlose

Tiere. Frau Schwarz arbeitet mit einer erfahrenen Tierärztin zusammen …“

„Das bist du, oder?“, fragt Max Tilly Tierlieb.

Obwohl er jetzt in die erste Klasse geht, hat er noch immer nicht gelernt, „Sie“ zu sagen. Bei seiner Lehrerin klappt das, aber bei Tilly komischerweise nicht.

„… einer erfahrenen Tierärztin zusammen“, wiederholt Lenni, „die die Tiere entwurmt, impft und kastriert. Bitte helfen Sie uns durch Ihre Spende. Dann kommt eine Nummer.“

„Das ist die Kontonummer des Vereins“, sagt die Tierärztin. „Er ist ganz schön groß. Es gibt viele Menschen, die wollen, dass aus einer Kratzetatze eine Samtpfote wird.“

Sie lächelt und fügt hinzu: „Und es gibt viele Menschen, die einen Wildfang bei sich aufnehmen und handzahm machen. Katzen haben ihren eigenen Kopf, aber sie werden wunderbare Freunde. Wer eine Katze kraulen kann, wird nie mehr traurig sein. Es heißt zwar, Lachen ist die beste Medizin, aber ich finde, Katzen sind die beste Medizin."

Jetzt ist auch Mama wieder versöhnt. „Als Kind hatte ich mehrere Katzen", erzählt sie, „und jede war anders. Neugierig oder lieb, frech oder vornehm – jede hatte was Besonderes."

Gut gelaunt verlassen sie die Praxis. Die Tierärztin bringt sie zur Tür und sagt: „Jetzt sperre ich hier zu. Heute

Abend gibt es keine Sprechstunde. Und wisst ihr was? Ich bin richtig froh, dass ich mich ein bisschen ausruhen kann! Morgen bin ich wieder da – falls ihr noch Fragen zur Kaninchen-Kinderstube habt."

Doch im Moment hat keiner der drei die Kaninchenbabys im Kopf. Tilly Tierlieb hat ihnen erklärt, dass die Kleinen vor allem Ruhe brauchen – und Schutz vor möglichen Feinden. „Schnuffi wird schon dafür sorgen. Sie bringt ihre Kinder in Sicherheit. Bestimmt hat sie die Babys schon jetzt in einen geschlossenen Teil der Höhle getragen."
„Und wir decken die eingebrochene Decke mit einem Brett ab", verspricht Mama den Kindern. „Mehr können wir jetzt nicht tun."

Max reagiert sofort. „Gehen wir Fußball spielen?“, schlägt er Lenni vor, der ganz in der Nähe der Tierarztpraxis wohnt. „Mama, darf ich hier bleiben? Ich komme mit dem Bus nach Hause.“
Noch ehe Mama antworten kann, mischt Sina sich ein: „Ich will auch in der Stadt bleiben.“
„Fußball spielen?“, fragen Mama, Max und Lenni wie aus einem Mund.
„Warum nicht?“, fragt Sina zurück – und damit ist es beschlossen.
Mama fährt heim, um die Babyhöhle abzudecken. Die Kinder bringen Hops nach Hause. Mit einem Fußball ziehen sie dann wieder los.
„Gehen wir in den Stadtpark“, lädt Lenni seine Freunde ein. „Dort gibt es große Rasenflächen zum Spielen. Irgendwo ist immer Platz.“

Tatsächlich – die angelegten Fußballfelder mit den Torkästen aus Holz sind zwar schon besetzt und auf einigen Wiesen kicken schon größere Jungs, aber Lenni kennt sich aus. Er führt Max und Sina in einen abgelegenen Teil des Parks. Dort breitet sich hinter dichtem Gebüsch eine schöne, flache Wiese aus. Nicht zu groß für drei Spieler, aber auch nicht zu klein, um sich dort auszutoben. Zwei Kastanienbäumchen auf der einen Seite der Lichtung haben genau den richtigen Abstand: „Das ist unser Tor“, bestimmt Lenni. Er bleibt gleich zwischen den schlanken Stämmen stehen. „Ich bin der Torwart.“

Spiel mit Überraschung

Jetzt geht es los: Sina gegen Max, Max gegen Sina – und beide gegen Lenni. Der wirft den Ball ins Spiel und die Geschwister sausen los. Sina ist schneller. Kein Wunder – sie ist ja auch größer. Aber lange Beine sind nicht alles. Max kann den Ball ziemlich gut am Fuß halten und so im Zickzack durchs Gras wieseln. „Dribbeln heißt das", erklärt er seiner Schwester und schlägt einen Haken. Sina rennt hinterher. Gar nicht so leicht, den Fuß dazwischen zu bekommen! Doch die Rangelei macht Spaß.
Endlich angelt sie sich den Ball.

Und weil sie sowieso nicht dribbeln kann, tritt sie kräftig dagegen – Richtung Lenni. Der wirft sich bäuchlings auf den Boden, um den Ball zu fangen. Doch er rutscht ihm durch die Finger und zwischen den Kastanienbäumen durch.

„Toooor!“, jubelt Sina und hüpft in die Luft. Max wundert sich – und Lenni fischt den Ball aus dem Gebüsch. Dabei macht auch er ein erstauntes Gesicht.
Dann schießt er den Ball weit hinaus ins Feld. Maxi und Sina spurten los. Während sie um den Ball kämpfen, runzelt Lenni die Stirn. Immer wieder dreht er den Kopf zum Gebüsch hinter dem Tor. Selbst als Max, der Dribbelkünstler, auf ihnzuflitzt, ist er

abgelenkt. Da grätscht Sina dazwischen. Maxi verliert den Ball. Sina hechtet hinterher und holt ihn sich. Sofort versucht sie den Torschuss zum zweiten Mal. Doch ihr Fuß rutscht ab und trifft den Ball nur mit der Innenkante.

Müde kullert der Lederball über ein paar Grasbüschel. Lenni macht einen Ausfallschritt, schaut noch einmal hinter sich – und der Ball eiert zwischen seinen Beinen hindurch. So langsam, dass er direkt hinter der gedachten Torlinie liegen bleibt. Sina ist enttäuscht: So macht Siegen keinen Spaß!

„Lenni!!", brüllt Max auch schon. „Das ist unfair! Helfen gilt nicht!" Doch Lenni reagiert nicht. Er dreht ihnen den Rücken zu und macht einen Schritt in Richtung Gebüsch.

Und noch einen. Und ganz vorsichtig einen dritten.

„Was hat er denn?“ Ratlos sieht Max seine Schwester an. Die ist genauso verblüfft. Zu zweit laufen sie los und folgen Lenni. Der dreht sich um und legt seinen Zeigefinger an die Lippen. Sina und Maxi bleiben stehen und sind ganz still. Jetzt hören sie es auch: Im Gebüsch maunzt es.

„Spinn' ich?", platzt Max heraus. Und Sina denkt dasselbe: Eben haben sie noch über Katzen gesprochen – und schon läuft ihnen eine über den Weg? Das muss Einbildung sein. Doch als Lenni die Zweige auseinanderbiegt, sehen sie einer Katze mitten ins Gesicht. Vielmehr ist es ein Kätzchen, das sie mit großen Augen ansieht. Und es läuft ihnen auch nicht über den Weg. Dazu ist es viel zu klein. Zu tollpatschig, zu ängstlich – und offenbar zu schwach. Es duckt sich auf den Boden, zeigt mit den Pfötchen zu ihnen und weicht mit dem Körper zurück.

Es dreht den Kopf zur Seite und lässt sie mit seinen Blicken nicht los.

Gebannt blicken die Kinder zurück. Ein Paar grüne, blaue und braune Menschenaugen starren in zwei goldgelbe Katzenaugen. Die leuchten wie Lämpchen aus einem schwarzweißen Gesicht hervor: Schwarz am Hinterkopf, an den Ohren und rund um die Augen, weiß von der Stirn über Nase und Bäckchen bis zum Hals und unter den Bauch. Die Innenseite der Vor-

derpfoten ist weiß und die Pfötchen sind es auch. Schwarz ist dagegen der Rücken vom Nacken bis zur Schwanzspitze, schwarz sind die Seiten und die Hinterbeine bis zum Knie. Darunter sind sie weiß.
„Sie trägt Kniestrümpfe“, flüstert Max. Doch Lenni sieht genauer hin und widerspricht: „Vorne sind es Söckchen – und links ist die Socke ziemlich runtergerutscht.“

„Oder es ist ein Füßling", kichert Sina. „Damit sie besser in ihre Laufschuhe kommt!"
Lenni und Max halten sich die Hand vor den Mund, um nicht laut herauszuprusten. Schließlich wollen sie Söckchen nicht erschrecken. Im Gegenteil: Lenni schiebt sich ganz langsam nach vorne und geht gleichzeitig in die Hocke. Als wollte er sein Zwergkaninchen anlocken, streckt er die Hand aus.
Das Kätzchen beobachtet ihn gespannt. Als sich ein paar Halme raschelnd bewegen, zucken ihre Ohren und richten sich nach vorne. Sie reckt den Hals, duckt sich noch ein bisschen tiefer und lässt Lennis Finger nicht mehr aus den Augen. Ganz flach drückt sie sich auf den Boden. Dann kommt sie langsam

wieder auf die Beine, doch die bleiben eingeknickt. Ihre Nasenspitze bleibt unten, die Schwanzspitze auch. So pirscht sie sich an die Raschelfinger heran. Auf einmal springt sie los. In diesem Moment steigt ihr Schwanz steil nach oben – wie eine Antenne. Oder wie ein Siegesfähnchen. Schließlich hat sie gewonnen: Sie hat den Finger erwischt.

Lenni reagiert schnell und geschickt: Er packt die Kleine und hebt sie hoch. Beim Aufstehen drückt er sie an sich. Dabei streichelt er die Sockenkatze.
„Na, Molli“, sagt er und informiert seine Freunde: „Sie ist ganz weich und mollig.“
Max und Sina überprüfen das gleich selbst: Auch sie streichen dem kleinen Wuschel vom Köpfchen bis über den ganzen, kleinen Rücken. Dabei sprechen sie beruhigend auf die Kleine ein – so, wie Frau Schwarz es gemacht hat: „Ruuuhig, Molli“, sagt Lenni. Max und Sina tun es ihm nach: „Gaanz ruhig, Molli. Wir tun dir nichts, Molli. Hab keine Angst, Molli!“
Bis Maxi fragt: „Wo ist denn deine Mami?“

Jetzt erst fällt es den Größeren auf: Ein Tierbaby spaziert selten allein durch den Park. Allen ist klar, was sie nun zu tun haben. Das Tilly-Tierlieb-Team verteilt sich und schwärmt aus. Maxi schleicht zur einen Seite, Sina durchforstet die andere. Lenni arbeitet sich mit dem Findelkind auf dem Arm noch tiefer ins Gebüsch. Alle versuchen, eine Katze anzulocken, die sich in ihrer Nähe verstecken könnte.
„Miezi!“, ruft Sina.
„Minni, Minni, Minni!“, lockt Lenni und Max beißt sich auf die Unterlippe und zieht scharf die Luft ein, dass es klingt wie Vogelzwitschern. Das hat ihm Papa gezeigt und gesagt: „Alle Katzen reagieren auf Vögelchen. Leider nicht, um mit ihnen zu spielen, sondern um sie zu jagen.

Hauptsache, es funktioniert und die Katze kommt her – oder bleibt zumindest stehen. Die Viecher sind nämlich ganz schön stur."
So stur aber kann die Katzenmami gar nicht sein, dass sie sich überhaupt nicht in der Nähe ihrer Kleinen blicken lässt. Das Team kommt nach kurzer Suchaktion zu dem Schluss: „Molli ist eine Findelkatze. Sie ist allein, ihre Mutter ist weg."

Molli Findelkatz

Maxi ist entgeistert: „Wieso allein? Warum haut die Katzenmami einfach ab?“ Er kann es nicht glauben: „Hat sie Angst?“
Sina hofft: „Vielleicht kommt sie zurück, sobald wir weg sind.“
„Und wenn ihrem Baby was passiert?“ Maxi wird jetzt wirklich sauer. „Wenn es verhungert? Oder wenn ein großer Hund kommt? So eine kleine Katze allein im großen Park – die hat doch Angst!“
„Genau“, bekräftigt seine Schwester. Diesmal sind sie einer Meinung: „Katzenbabys lässt man nicht allein!“

Lenni sagt gar nichts. Er drückt das schwarzweiße Kätzchen an sich und streicht ihm mit dem Daumen langsam und gleichmäßig über den Kopf. Von der Stirn bis zwischen die Öhrchen. Und weiter zum Nacken. Dort kitzelt und krault er ein bisschen und fängt dann wieder von vorne an: Von der Katzenstirn über das Katzenköpfchen, zwischen den Katzenöhrchen durch und zum pelzigen Katzennacken. Wieder und wieder. Plötzlich geht ein Lächeln über Lennis Gesicht. Das Lächeln wird zum Strahlen und er macht „Schsch!"

Max und Sina sind erstaunt. Ihr großer Freund scheint ihre Aufgeregtheit nicht zu teilen. Ganz gelassen, aber selig lächelnd, legt er seinen Kopf auf die Seite – bis sein Gesicht fast das wuschelige Kätzchen streift. Ganz nah geht er heran und hebt die Kleine noch ein bisschen höher – näher an sein Ohr. „Schsch!", macht er noch einmal, obwohl Max und Sina gar nichts mehr sagen. „Sie schnurrt!"

„Was?“, quiekt Maxi schrill. „Echt?“ Katzenschnurren kennt er nur aus Geschichten – vom Vorlesen und Erzählen. Sina legt ihren Zeigefinger an die Lippen und sieht ihn vorwurfsvoll an. Doch Maxi beißt sich schon auf die Unterlippe und hält den Mund. Schließlich will er das Findelkätzchen nicht erschrecken. Was denkt Sina eigentlich von ihm? Vorsichtig gehen sie auf Lenni zu. Vorsichtig beugen sie sich vor. Vorsichtig recken sie die Köpfe und ganz, ganz vorsichtig drehen sie die Ohren zu dem molligen Tierchen. Jetzt hören sie es auch:
Die Findelkatze schnurrt. Wie ein klitzekleiner Motor. Wie ein Handventilator. Wie ein Spielzeugbohrer. Ein Minischnarcher. Wie eine Schnurrekatze eben schnurrt.

„Sie fühlt sich wohl“, verkündet Lenni stolz. Doch dann wird er ernst: „Keine Katzenmami lässt ihr Kind im Stich. Bestimmt ist ihr selbst was passiert – oder jemand hat ihr was getan.“

„Ein Hund?", fragt Maxi und sieht sich erschrocken um. „Der muss ja riesig sein!" Sofort ist er abgelenkt. Immer wieder späht er ins Gebüsch. Seine Schwester spricht aus, was Maxi nur denkt: „Hoffentlich ist der Hund schon weg!"
Ohne es zu merken, rücken die Geschwister noch ein Stückchen näher

zusammen. Und beide stellen sich noch enger neben Lenni.
Der bleibt ganz ruhig. Vielleicht macht ihn das mollige Kätzchen auf seinem Arm so stark.
Jedenfalls stellt er in aller Ruhe fest: „Ihre Mutter ist weg. Wir müssen uns um sie kümmern."

„Au ja! Wir nehmen sie mit!" Maxi dreht sich um und stapft zum Rand der Lichtung.
Plötzlich hat er es eilig. Doch vor den Büschen, die ihre kleine Fußballwiese vom Weg trennen, bleibt er stehen. Da kommen Sina und Lenni mit dem Katzenkind. Kein wilder Hund weit und breit. Schnell drängt Max sich durch die Büsche und treibt die beiden Großen an: „Na hopp! Los, gehen wir!"

„Und wohin?“, fragt seine Schwester zurück.
„Na, zu Lenni!“, ruft Maxi ungeduldig. „Wohin denn sonst?“
Die drei sehen sich an. Jeder denkt dasselbe. Lenni sagt es laut: „Und was sagt Mami dazu?“
„Das ist eine Findelkatze!“, ereifert sich Max. „Wir müssen ihr helfen. Das hast du selbst gesagt.“
„Aber vielleicht ist sie krank?“, überlegt Lenni. „Und vielleicht ist es ansteckend. Man soll doch keine fremden Tiere anfassen. Wenn ich mal einen Hund streichle, muss ich mir erst die Hände waschen, bevor ich was zu Essen anfasse.“
„Oh nein!“ Max verdreht die Augen: „Das hat doch nichts mit dem Hund zu tun! Vor dem Essen muss man *immer* Hände waschen. Behaupten

alle Mamas. Meine auch.“
Doch Lenni beharrt: „Meine Mama ist sonst wirklich lässig, aber bei Streicheltieren nimmt sie’s ganz genau. Damit sich keine Keime übertragen oder Bakterien. Oder Flöhe.“
„Iiiiih!“ Maxi verzieht das Gesicht und schüttelt sich. „Flöhe! Bäh!“
Diesmal ist es Sina, die ruhig bleibt. „Ob Molli Flöhe hat, finden wir gleich raus“, verkündet sie tatkräftig und schiebt die beiden Jungs den Weg entlang in Richtung Parkbank.

Floh im Ohr?

Max und Lenni lassen sich von Sina dirigieren. Sie schiebt die beiden zur nächsten Bank. Dort bleibt sie stehen und winkt mit ausgestreckten Händen nach unten: „Setzt euch! Worauf wartet ihr?“
Doch Max und Lenni warten gar nicht ab, was Sina will. Schon sitzen sie nebeneinander auf der Bank.
Sina drängelt sich dazwischen.
Strahlend sieht sie Lenni an: „Also pass auf: eine kleine Untersuchung. Erstens: Fahr mit der Hand ganz leicht über ihr Fell, aber nicht wie beim Streicheln, sondern umgekehrt – vom Schwanz zum Kopf.

Rundherum und Stück für Stück.
So, dass ihre Haare sich aufstellen.
Dann kannst du ihren Pelz untersuchen und nachsehen, ob sie wirklich Flöhe hat.“

Lenni streichelt das Kätzchen gegen den Strich. Da fängt es an zu maunzen und zu strampeln. Es zappelt sich frei, krabbelt über Lennis Schenkel und plumpst von seinem Schoß herunter auf die Bank.

Dort tappt es eilig weiter bis zum Ende. Der Schwanz ist dabei aufgestellt und die Nasenspitze vorgereckt. Neben der Bank steht ein großer Papierkorb aus Holzlatten. Vor ihm bleibt das Kätzchen stehen und maunzt wieder. Aber diesmal klingt es anders – ziemlich dringend. Immer wieder quäkt das helle Stimmchen. Schließlich dreht das Katzenbaby sich um und sieht die Kinder an.
„Was will sie denn?“, fragt Max.
„Keine Ahnung“, antwortet seine Schwester. „Ich kann die Katzensprache nicht.“

Lenni legt die Stirn in Falten und murmelt: „Der Papierkorb? Was ist da drin?“ Er steht auf und beugt sich vor. Da kratzt es neben ihm:

Mollikatz zieht sich am Rand des Holzkorbs hoch. Ehe er reagieren kann, purzelt sie über den Rand und plumpst mitten hinein. Sofort beginnt sie zu rascheln und zu wühlen. Da fasst Lenni hinein und zieht die Kleine am Nackenfell aus dem Papierkorb heraus.
Der Hasengriff scheint ihr gar nicht zu gefallen. Sie zappelt und schüttelt sich, aber zwischen den Zähnen hält sie, ganz fest, ein Stück Salami.
„Molli! Pfui!“, ruft Sina, aber Maxi lacht: „Sie hat Hunger.“
Lenni ergänzt: „Und wie! Stellt euch mal vor, wie weit sie die Wurst gerochen hat!“ Er schneidet eine Grimasse und fasst die dunkel glänzende Wurst mit den Fingerspitzen an. Vorsichtig zieht er sie dem Kätzchen aus dem Mund, wirft sie zurück in

den Papierkorb und wischt sich die Hand an seiner Hose ab: „Bäh! Jetzt will ich mir aber wirklich die Hände waschen. Gehen wir!“

„Warte“, ruft Sina, „wir müssen noch was überprüfen. Also: Ihre Zähne sind gut, Hunger hat sie auch. Flöhe hat sie nicht – was ist mit den Augen? Und mit ihren Ohren?“

Maxi sieht sie an. Ganz langsam tippt er sich mit dem Zeigefinger an die Stirn: „Und was ist hier?“

Sina lässt sich nicht ärgern. „Denk doch mal nach: Die Augen müssen glänzen. Wenn sie trüb sind oder verschmiert, ist sie krank. Das ist

doch bei Kaninchen genauso!"
„Stimmt", nickt Lenni und inspiziert die Öhrchen der kleinen Katze. „Die Augen sehen gut aus, aber in den Ohren hat sie dunkle Krusten. Sieht komisch aus."

„Dann muss sie untersucht werden", erklärt Sina und setzt sich in Bewegung.
„Hey!" Maxi bleibt stocksteif stehen und ruft ihr nach: „Woher weißt du denn das schon wieder?"
„Aus einem Buch", gibt Sina über die Schulter zurück und Maxi brummt: „Hoffentlich geht das schnell mit Lesen lernen!"

Zum Glück ist er jetzt auch ein Schulkind, immerhin! Aber – „hey!" Er brüllt schon wieder. Die Großen denken wohl an gar nichts! „Die Tierpraxis ist geschlossen! Tilly Tierlieb will sich ausruhen!"

Sofort bleiben Lenni und Sina stehen. „Stimmt – du hast Recht! Was machen wir denn jetzt?"
Sina ist ratlos, doch Lenni hat eine Idee: „Der Anrufbeantworter! Bestimmt hat Tilly darauf eine Ansage, wie man sie in dringenden Fällen erreichen kann! Wir rufen einfach in der Praxis an und hören die Ansage auf dem Tonband ab!"
So gehen die drei mit Katze Molli doch noch zu Lenni. Seine Mutter ist in ihrer Apotheke, aber Lenni hat natürlich einen Schlüssel. Der bau-

melt an einem feuerroten Band mit blauen Streifen um seinen Hals. „Mein Fußballband“, grinst Lenni, als er es abnimmt um aufzusperren, denn das Band hat die Farben seines Lieblingsvereins.

In der Wohnung verschwindet Lenni schnell im Bad und wäscht sich die Hände.
„Darf ich ihr was zu trinken geben?“, ruft Sina ihm nach.
„Klar“, antwortet Lenni. „Im Kühlschrank ist Milch und auf dem Tisch steht noch mein Frühstücksgeschirr. Nimm einfach die Untertasse!“
Sina holt die Milchtüte aus dem Kühlschrank, Max stellt die Untertasse auf den Boden. Lenni kommt dazu und lacht: „Gute Zusammenarbeit! Wir sind ein echtes Team!“

Während Sina ein bisschen Milch in die Schale gießt, sieht er sich nach der Findelkatze um. Sie ist weg!

Katzennotdienst

Da ertönt ein Kratzen aus dem Flur. Lenni läuft hinaus und sieht, wie sein kleiner Gast unter dem Schuhschrank hervorkrabbelt. Dabei scharrt das Kätzchen mit den Krallen über das Parkett, als wäre es Sand. Oder Erde.
„Was machst du denn hier? Hast du die Wohnung untersucht?“, fragt er und bückt sich, um die Katze hochzuheben. Doch mit einem lauten „Iiih!“ fährt er wieder zurück.
„Was ist denn?“ Sina und Max sind richtig erschrocken. Lenni kraust die Nase und zieht den Mund nach unten: „Sie hat auf den Boden gepinkelt!“

Schnell holt er etwas Küchenkrepp, wischt die Pfütze auf und wirft das nasse Papier angeekelt in den Müll. Jetzt hat er es eilig. Während Sina das Milchschälchen vor die Katze setzt, ruft er die Tierpraxis an. Zettel und Stift hat er neben sich gelegt. Aufmerksam hört er zu und grinst. Dann beginnt er zu schreiben.
„Ha!“, ruft er, noch ehe er richtig

aufgelegt hat. „Ich hab's gewusst! Es gibt eine Handynummer für Notfälle außerhalb der Sprechzeit! Das ist doch ein Notfall, oder?"
Er zögert kurz und auch Sina denkt nach, ob sie Tilly beim Ausruhen stören sollen. Doch Maxi ruft zwischen ihre Gedanken: „Natürlich ist das ein Notfall! Ein Katzenbaby allein im Park! Die Mutter ist weg – und es hat Probleme im Ohr!"

Jetzt ist auch Lenni überzeugt.
Er wählt die Nummer, die er sich notiert hat. „Hallo", sagt er dann. „Entschuldigen Sie den Anruf. Hier ist Lenni. Wir haben im Park ein Kätzchen gefunden. Es hat verkrustete Ohren – und es hat mir in die Diele gemacht! – Nein, nur eine Pfütze. – Oh je, Moment! – Ja. Bis gleich."

„Was ist denn?“, fragt Sina, doch schnell zieht Lenni dem schlabbernden Katzenkind die Milchschale weg und stellt sie zurück in die Küche.
„Spinnst du?“ Maxi ist empört. „Lass sie doch trinken!“
„Tilly sagt, wir sollen ihr erst einmal gar nichts zu fressen geben. Sonst bekommt sie vielleicht Durchfall“, erklärt Lenni. „Aber wir können gleich zu ihr kommen.“

Kurz danach stehen sie wieder vor der Praxis. Die Tierärztin steht schon in der Tür.
„Ein Glück, dass ich noch im Büro war“, sagt sie. „Ich habe noch ein paar Rechnungen fertig gemacht. Und jetzt ist ja wohl ein Noteinsatz dran – Katzennotdienst. Darf ich?“

Behutsam nimmt sie Lenni das Findelkatzenkind vom Arm. Mit der rechten Hand fasst sie unter den Katzenkörper und hinter die Vorderpfoten, aber ihren Zeigefinger schiebt sie zwischen die Vorderbeinchen. Mit der linken Hand stützt sie das Hinterteil der Katze und hebt sie hoch. Dann winkelt sie den Unterarm ab und schiebt ihn ganz unter den Katzenbauch. Sofort kuschelt sich das Kätzchen in ihre Armbeuge.

„Bei Kaninchen geht das anders“, sagt Lenni. Tilly Tierlieb gibt ihm Recht: „Stimmt. Aber Katzen mögen es gar nicht, wenn ihre Beine in der Luft baumeln. Noch ärgerlicher finden sie es, wenn man ihr Fell gegen die Wuchsrichtung streichelt – also von hinten nach vorn.“
Maxi sieht seine Schwester an – ziemlich vorwurfsvoll. Lenni sieht seine Freundin auch an – ein bisschen verwirrt. Und Sina fragt Tilly: „Aber wie soll man denn nach Flöhen suchen, wenn man das Fell nicht aufbiegt?“
Tilly Tierlieb lacht: „Du kennst dich aus, hm? Zum Gesundheitstest bei einer Katze, die man zum ersten Mal sieht, gehört wirklich die Felluntersuchung. Es muss sauber sein und glänzen. Bei jungen Katzen muss es

weich und glatt sein. Struppiges Fell oder kahle Stellen hat eine Katze nur, wenn sie krank ist. Aber das ist hier ja nicht der Fall."

„Und die Flöhe?" Maxi lässt nicht locker. Tilly Tierlieb lacht wieder. „Flöhe oder anderes Ungeziefer soll eine Katze natürlich nicht haben. Wenn doch, muss sie behandelt werden. Ein paar von den Tierchen können nämlich auch auf den Menschen übergehen. Katzenflöhe tun das zwar meistens nicht, weil die Körpertemperatur des Menschen nicht optimal für sie ist. Bei starkem Flohbefall kann aber mal einer einen Abstecher machen und Menschen beißen. Das gibt dann ziemlich unangenehme, juckende Stiche und die ganze Wohnung muss

entfloht werden. Also: besser gleich nachsehen!“
Sie legt die freie rechte Hand auf den Katzenkörper und formt mit Zeige- und Mittelfinger ein V. So zieht sie das Fell stellenweise auseinander und macht das Unterfell sichtbar. Wieder und wieder – an verschiedenen Stellen. Das Kätzchen lässt es sich gefallen.

„Oh je“, sagt Lenni, „als ich sie vorhin gegen den Strich gestreichelt habe, hat sie sich gleich losgemacht.“ „Und in den Papierkorb gestürzt!“ Maxi will sofort das Beste erzählen: „Da war nämlich eine alte Wurst drin – aber Lenni hat sie ihr wieder abgenommen.“

„Gut so“, lobt die Tierärztin. „Das hätte schlimme Bauchschmerzen verursachen können. Oder Durchfall. Deswegen sollen Katzen auch keine Kuhmilch trinken. Die ist ihnen nämlich zu reichhaltig. Erwachsene Katzen können den Milchzucker aus Kuhmilch meistens nicht verarbeiten und bekommen deshalb Durchfall. Am besten gibt man schon kleinen Katzen nur verdünnte Milch, also Wasser mit Milch. Das Hauptgetränk

sollte aber Wasser sein. Und wenn Kätzchen noch von ihrer Mutter gesäugt werden, kann ein bisschen Wasser in einem Trinkschälchen auch nicht schaden."
Sie will weitersprechen, doch Max unterbricht sie: „Aber Molli hat keine Mutter mehr! Sie war ganz alleine."
Und er sprudelt weiter: „Wir haben überall gesucht, ehrlich. Sie war ganz alleine. Ganz hinten im Park, ganz alleine. Und hungrig! Und ihre Mutter war weg. Bestimmt hat ein Hund sie gefressen."

Die Tierärztin hört aufmerksam zu. Dann sagt sie ernst: „Es kommt sehr, sehr selten vor, dass ein Hund eine erwachsene Katze erwischt. Das müsste schon ein Jagdhund sein. Außerdem werden die meisten

Katzen von Autos gejagt, nicht von Hunden. Aber wenn ihre Mutter überfahren worden wäre, hättet ihr die Kleine an der Straße gefunden und nicht ganz hinten im Park. Nein, ich glaube, eurem Katzenkind ist etwas ganz anderes passiert. Und das ist traurig genug."

Kater Karlchens Auftritt

„Das Traurige“, beginnt Tilly, „ist nämlich, dass einerseits viele Katzen auf der Straße aufwachsen und niemandem gehören. Andererseits aber holen sich manche Menschen ein Kätzchen ins Haus und stellen dann fest, dass es Mühe macht, so ein Katzenkind zu erziehen. Bis es stubenrein ist, zum Beispiel. Oder, dass sie jemanden finden müssen, der die Katze füttert und ihr Katzenklo leert, während sie selbst im Urlaub sind. Statt die Katze dann ins Tierheim zu bringen oder zu einer Katzentante wie Frau Schwarz, setzen solche angeblichen Katzen-

freunde das Tier dann einfach aus. Sie bringen die Katze irgendwo hin, von wo sie nie mehr zurückfinden soll, und überlassen sie ihrem Schicksal.
Aber nicht immer geht alles so, wie der Mensch denkt. Erwachsene Katzen finden oft über mehr als hundert Kilometer nach Hause zurück. Katzenbabys können das leider nicht. Deshalb bringen die Menschen, die sie loswerden wollen, die Kleinen nicht erst mit dem Auto in den Wald, sondern lassen sie irgendwo in der Stadt alleine. Ganz tief in einem großen Park zum Beispiel.“

Max und Sina sind empört.
„So eine Gemeinheit“, sagt Max. „Natürlich macht ein Haustier Arbeit. Das muss man sich vorher

überlegen. Ich muss ja auch Schnuffis Hasenstall ausmisten."
Lenni denkt noch nach über das, was Tilly Tierlieb ganz zu Anfang gesagt hat. „Wie macht man denn eine Katze stubenrein?", fragt er. „Bei uns hat Molli nämlich schon eine Pfütze gemacht und dann noch darin herumgekratzt."

„Da seht ihr mal, dass Katzen von selbst sehr reinlich sind“, erklärt Tilly. „Wenn sie ein kleines oder größeres Geschäft gemacht haben, versuchen sie nämlich gleich, es zu vergraben, damit es nicht riecht. Deshalb scharren sie so auf dem Boden. Und deshalb füllt man in Katzenklos Sand und kleine Steinchen, die die Katze nach hinten werfen kann, wenn sie fertig ist.“

Sie hebt den linken Arm, auf dem das Katzenkind liegt, und schiebt ihre Hand noch weiter vor. Jetzt stützt ihre Hand das Katzenkinn ab und die Katzenbeinchen baumeln links und rechts nach unten. Alle viere – wie auf einer Baumliege. Tilly hebt den Katzenschwanz ein bisschen hoch und sieht darunter:

„Er hat das schon ganz richtig gemacht, der Kleine. Das wird mal ein perfekter Stubentiger. Natürlich sollte er trotzdem Auslauf bekommen. Die Frage ist nur …“

Doch zu ihrer Frage kommt sie nicht mehr, denn auch Lenni hat eine. Und mit dieser Frage platzt er laut heraus, während Max und Sina noch ganz verwirrt sind: „*Er*?“

„Ja klar“, bekräftigt Tilly Tierlieb. „Das ist ein kleiner Kater. Seht ihr?“ Wieder hebt sie den Katzenschwanz ein bisschen an und zeigt den Kindern eine haarige Ausbuchtung am Hinterteil der Katze. „Katzenmädchen haben hier nur eine zweite Öffnung unterhalb vom Po.“ Sie setzt das Kätzchen auf den Boden. Mit hoch erhobenem Schwanz streicht es um ihre Beine herum.

Ganz eng – so eng, dass es sich an Tillys Hosenbeinen reiben kann. Vor allem mit dem Köpfchen. Sie dreht es, legt es auf die Seite und stupst damit immer wieder an die Menschenbeine.

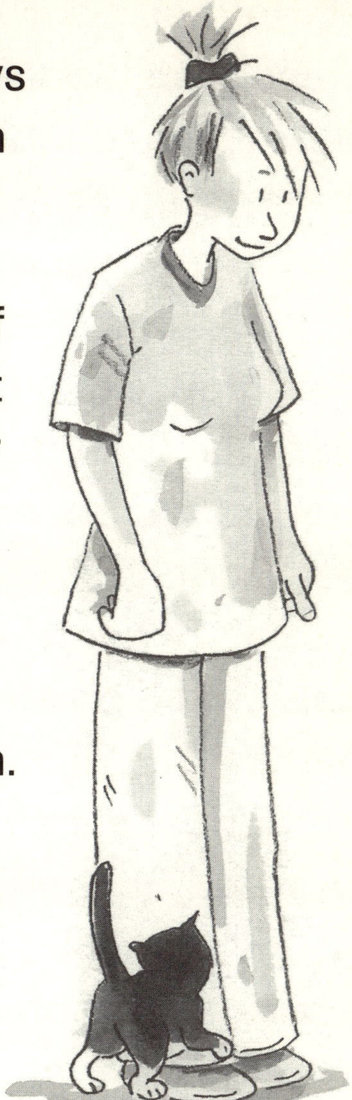

„Köpfchen geben nennt man das“, erklärt die Tierärztin. „Das und der aufgerichtete Schwanz heißen in der Sprache der Katzenkinder: ‚Hallo Mami, ich hab' Hunger.‘ Und wenn das Kätzchen keine

Mutter hat, begrüßt es so seinen Menschen. Sogar alte Katzen werden gegenüber ihrem Menschenfreund zum Baby, das um Futter bettelt – mit genau diesen Zeichen."

„Na, mein Kleiner", sagt sie und sieht die Kinder an: „Wie heißt er denn? Habt ihr schon einen Namen gefunden?"
„Molli", antwortet Lenni zögernd.
„Oh Mann, oh Mann, das war doch für eine Katze!", ruft Maxi. „Für einen Kater passt das nicht!"
„Ach so", lächelt Tilly, „ihr habt gedacht, das ist eine kleine Katzendame. Das kann passieren. Man sagt ja auch *die* Katze – und denkt dann, das kann doch kein Junge sein. Ist es aber. Keine Katze, sondern ein Katz sozusagen."

Sie zwinkert den Kindern zu. „Und ich finde auch, ein kleiner Kater kann nicht Molli heißen. Das passt nicht. Vor allem dann nicht, wenn er mal ein großer Kater ist. Und ich denke, das wird er."

Maxis Augen leuchten: „Echt?", fragt er. „Groß und stark? Ein richtig großer Kater? Einer, der vor gar nichts Angst hat? Vor niemandem? Nicht mal vor einem Hund? Dann soll er Kater Carlo heißen. Oder Sheriff."
„Schaut ihn euch ganz genau an", rät Tilly Tierlieb. „Wie er aussieht. Wie er sich bewegt. Wie er läuft. So ein Name muss passen. Und vor allem: Man muss ihn lieb aussprechen können. Katzen sind sehr empfänglich für Töne. Deshalb darf

man eine Katze nie mit ihrem Namen schimpfen. Sie merkt sich sonst, dass das böse klingt und auch so gemeint ist. Später hat sie dann keine Lust mehr, auf ihren Namen zu hören, weil sie glaubt, sie wird wieder geschimpft. Besser ist es, zum Schimpfen irgendein anderes Wort zu verwenden, zum Beispiel ‚Nein' oder ‚Pfui'. Dazu kann man noch mit dem Finger drohen. Katzen lernen sehr schnell – sie wissen dann schon, was der Dudu-Finger bedeutet und auch das dazugehörige Wort. – Also?"

Ohne sich abgesprochen zu haben, sind die Kinder sich einig: „Sheriff klingt nicht besonders lieb."
„Aber Carlo auch nicht", ruft Sina.
„Schau doch mal", ereifert sich Max.

„Sein runder Kopf, die runden Pfoten, der kleine Bauch …“
„Und erst das schwarzweiße Muster“, unterstützt ihn Lenni.
„Können wir ihn nicht Karli nennen?“, versucht Sina es noch einmal – „oder Charly?“
„Wie ein Affe?“ Max und Lenni sind entrüstet. „Nein, er braucht einen Männernamen.“
„Aber zuerst einen Kleine-Jungs-Namen“, beharrt Sina und sieht Max an. Der weiß genau, was sie meint. Schließlich nennen seine Eltern ihn auch meistens Maxi. Sina tut das auch. Und die meisten seiner Freunde auch. Nicht immer, aber ziemlich oft. Und eigentlich hat er gar nichts dagegen.
„Na gut“, sagt er deshalb und sieht dem fluffigen Katerchen zu.

Gerade stürzt es sich auf eine Schale, die Tilly Tierlieb mit Katzenfutter gefüllt hat. Wie ein Wilder schlabbert und schmatzt er die glänzenden Bröckchen hinein.
„Schau mal“, sagt Sina und kichert: „Er schleckt zuerst die Soße auf und schnabuliert dann die Bröckchen! Wie Maxi beim Spagetti-Essen!“
„Na gut“, wiederholt Max gnädig. „Er kann einen Jungsnamen haben. So lange er noch kein Kater Carlo ist, kann er Karlchen heißen. Kater Karlchen. Aber er wird groß und stark und hat vor gar nichts Angst. Ihr werdet schon sehen!“

Schmusekater zu vergeben

Sina lacht: „Hey, Maxi, du hast den Namen geklaut! Kater Karlchen ist doch Karl Tatz, der Kater aus meinem Buch!“

Maxi kann es nicht glauben: Da hat er eine richtig gute Idee – und jemand anderes kommt auf denselben Gedanken!

„Aber *dein* Kater Karlchen heißt in Wirklichkeit ganz anders als unser Karlchen. Nur die Spitznamen sind gleich“, tröstet er sich und seine Schwester. Doch die braucht gar keinen Trost. Im Gegenteil. Ihr gefällt die Namensgleichheit.

„Wisst ihr, wie der erste Band heißt?“,

fragt sie eifrig – und gibt die Antwort gleich selbst: „,Ein kleiner Kater kommt groß raus.' Siehst du, Maxi, auch wenn man gar nicht groß ist, kann man was Großes erreichen. Ich bin ja gespannt, was unser Karlchen hier noch alles schafft!"

„Na – etwas hat er deinem Bilderbuchkater schon mal voraus", sagt Tilly Tierlieb, die interessiert zugehört hat. „Der ist nämlich reine Erfindung und ein harmloser Papiertiger. Der Kleine hier", sie zeigt auf Kater Karlchen, der sich daran macht, das Wartezimmer zu erkunden, „ist echt. So richtig zum Liebhaben – ein Schmusekater eben. Und dazu gehört das Anfassen, Streicheln und Kuscheln. Manchmal aber auch Ärger und Stress.

Schließlich ist so ein Schmusekater nicht von Pappe, sondern aus Fleisch und Blut. Damit es aber nicht allzu viel Stress gibt, sollte der kleine Stubentiger aber nicht nur in der Stube sein. Wohnungskatzen brauchen besonders viel Beschäftigung. Spannender ist es natürlich für eine Katze, wenn sie auch raus kann. Katzen sind ein bisschen wie Kinder: Sie wollen gerne spielen und haben immer Lust auf Bewegung. Sie stromern gern herum, aber sie kommen immer zurück. Und noch was: Manchmal denkt man schon, sie haben was an den Ohren – aber sie wollen bloß nicht hören. Katzen sind nämlich eigensinnig." „Stur", sagt Maxi und grinst. „Das sagt Papa auch."

„Aber Karlchen hat wirklich was an den Ohren", erinnert Lenni. „Genau – deswegen sind wir ja hier!", ruft Sina. Da hebt die Tierärztin den Kater hoch und sieht ihm in die Ohren. Ein kurzer Blick genügt.

„Das ist entzündet“, stellt sie fest. „So was kommt bei Katzen häufig vor. Die Ursache sind Bakterien, Pilze oder Milben, also klitzekleine Tierchen. So wie hier. Das haben wir gleich. Zumindest die Grundbehandlung.“
Sie legt Karlchen auf ihren Behandlungstisch und bittet Lenni, ihn vorsichtig festzuhalten und lieb mit ihm zu reden. Dann nimmt sie ein Wattestäbchen, tropft eine helle Flüssigkeit darauf und beginnt ganz behutsam, das Katzenohr zu reinigen.
„Dabei muss man sehr, sehr vorsichtig sein“, erklärt sie. „Bitte macht das niemals nach. Oft verletzt man nämlich genau dabei den Gehörgang. Dann hat die Katze erst recht Schmerzen und wird menschenscheu.“

Als die Reinigung beendet ist, drückt Tilly Tierlieb aus einer Tube etwas Salbe in Karlchens Ohr. „Damit es nicht mehr juckt und gut abheilen kann“, sagt sie dazu. „Die Salbe muss er jetzt zwei Wochen lang bekommen – alle zwei Tage ein Mal. Nur – wer pflegt ihn? Wer nimmt ihn auf? Wer erzieht ihn? Ich glaube, Frau Schwarz wäre eine gute Lösung. In ihrem Garten hat er auch schön Auslauf.“

„Nein!“, ruft das gesamte Tilly-Tierlieb-Team wie aus einem Mund. Tilly Tierlieb ist erstaunt. „Ja, soll er etwa nicht hinaus?“, fragt sie. „Das wäre aber gemein. Ich habe euch doch gesagt, Katzen sind wie Kinder.“

„Ja. Ja! *Ja!*“, antworten die drei ihrer großen Freundin.

„Aber –“, Lenni holt tief Luft und

sieht seine Freunde an. So, als würden sie sich nur mit Blicken abstimmen. „Aber wir wollen nicht, dass Kater Karlchen zu Frau Schwarz kommt. Wir wollen ihn behalten."

„Und was wollen eure Eltern?", fragt die Tierärztin die Geschwister. „Und deine Mutter?", sagt sie zu Lenni. Die beiden Großen bleiben stumm. Nur Maxi zieht die Schultern hoch und hebt die Arme. Dazu schneidet er eine Grimasse.
Tilly Tierlieb muss lachen. „Keine Ahnung, was?", übersetzt sie das Schweigen und die Grimasse. „Das solltet ihr aber herausfinden. Beim Abendessen habt ihr reichlich Gelegenheit, über Karlchen zu sprechen. Und über Nacht bringt ihr ihn erst mal zu Frau Schwarz. Lenni, du

wohnst ja hier – kennst du den Jasminweg?“
Lenni nickt.
„Na also.“ Die Tierärztin beendet die Diskussion: „Ihr geht zu Frau Schwarz – ich rufe schon mal an und warne sie vor.“

Kater Karlchen – nicht zu stoppen

Kurz danach stehen die drei im Jasminweg vor dem Gartenzaun von Haus Nummer 8. „Schwarz“ steht auf dem Klingelschild und daneben klebt ein Bild: ein dicker, schwarzer Katerkopf, der aussieht, als ob er grinst.

Fast genauso breit strahlt Frau Schwarz selbst, als sie dem Tilly-Tierlieb-Team öffnet. „Kommt rein“, sagt sie. „Schön, dass ihr da seid. Ich habe es ja gewusst: Tierfreunde treffen sich immer wieder. Aber dass es so schnell geht …“

Vorsichtig nimmt sie Lenni Kater Karlchen vom Arm. „Na, da hast du aber einen schönen Kater“, grinst sie und macht ein spitzbübisches Gesicht. „Kommt rein, dann könnt ihr sehen, wo ich ihn heute unterbringe.“

Im Wohnzimmer entdecken die Kinder eine alte Bekannte: die rot getigerte Katze, die Tilly Tierlieb vor ein paar Stunden entwurmt hat. Sie macht sich ganz lang, reckt ihr Hinterteil in die Höhe, streckt die Vorderpfoten nach vorne, sperrt das Mäulchen weit auf und – gähnt. Als sie Kater Karlchen sieht, stutzt sie. Doch dann geht sie langsam und mit vorgereckter Nase auf ihn zu. Alle sind gespannt, wie es jetzt wohl weitergeht. Die Kinder interessieren sich vor allem für Kater Karlchen.

Ob die große Katze ihm etwas tut? Frau Schwarz reagiert, als könne sie Gedanken lesen: „Keine Angst – es wird keinen Streit geben. Karlchen ist viel zu neugierig – und Lilli ist zwar lebhaft, aber sehr fürsorglich. Sie kümmert sich öfter um Katzenkinder, die gar nicht ihre eigenen sind. Sie hat einfach einen lieben Charakter. Trotzdem ist sie lebhaft, neugierig und manchmal ganz

schön frech. Als ich sie bekommen habe, war sie ziemlich wild. Deshalb heißt sie ja Lilli: Tigerlilli, die Kratzetatze. Aber die wilden Zeiten sind vorbei“, beruhigt sie Sina.
Die ist nämlich richtig erschrocken, als Frau Schwarz von Lillis Krallen erzählt hat.
Die Tigerin reckt ihr Näschen in Karlchens Richtung. Dann läuft sie auf ihn zu und um ihn herum.

Dabei beriecht sie ihn von allen Seiten. Auch der Kleine schnuppert an ihr – auch von hinten.
„Diese Stelle ist besonders wichtig“, erklärt Frau Schwarz. „Hier haben Katzen eine Drüse, die Duftstoffe abgibt. An diesen Düften erkennen sich Katzen gegenseitig. Sie lesen darin sozusagen, wer der andere ist. Später erkennen sie sich überall wieder. So wissen sie sogar, welche Katze einen bestimmten Weg genommen hat. Mit den Fußsohlen, auf denen keine Haare wachsen, hinterlassen Katzen nämlich richtige Duftspuren. Und wenn sie ihr Köpfchen irgendwo reiben, hinterlassen sie ebenfalls ihren Duft. Das heißt dann: ‚Meins!‘ und andere Katzen verstehen das.“

Sina lacht: „Dann gehört Tilly Tierliebs Hose jetzt Karlchen!“
Frau Schwarz lacht auch: „Du hast vollkommen Recht: Katzen markieren ihre Menschen tatsächlich, um allen anderen zu sagen: ‚Pfoten weg! Der gehört mir!‘“

In diesem Moment haben die beiden Katzen ihre gegenseitige Untersuchung beendet und Karlchen dreht sich wieder zu den Kindern. Maunzend streicht er ihnen um die Beine – und gibt bei allen Köpfchen.
„Musst du aber hungrig sein!“, sagt Frau Schwarz zu dem kleinen Schmuser. „Du bist ja nicht zu stoppen!“
„Er sagt, er will zu uns gehören!“ Maxi ist selig. Doch Frau Schwarz verbessert ihn: „Er sagt, ihr gehört ihm. Katzen sind eigensinnig.“
„Stur!“, rufen die drei und müssen lachen.

Kleiner Kater ganz groß

Beim Abendessen gibt es für die drei vom Tilly-Tierlieb-Team so viel zu berichten wie schon lange nicht mehr. Lenni erzählt seiner Mutter, dass er im Park einen Minikater gefunden hat. Dass gleich in der Nähe eine Frau wohnt, die sich um herrenlose Katzen kümmert. Dass der Kleine dort untergebracht ist. Und dass der kleine Hops Vater geworden ist.

Bei Sina und Maxi sieht der Abend anders aus. Kaum betreten die zwei den Garten, fallen ihnen die Häschen in der Grube wieder ein.

Mama hat Bretter über das Loch gelegt. Sie zerren Papa dorthin und heben vorsichtig ein Brett, um darunter nachzusehen. Die Kleinen sind weg!
„Kein Wunder", beruhigt Papa.

„Schnuffi hat sie ein Stück weit weggetragen, damit sie sicher sind. Am besten lassen wir sie in Ruhe. In ein paar Tagen öffnen sie die Augen und bekommen ein Pelzchen. Und in wenigen Wochen werden sie durch den Garten hoppeln. Dann können wir sie verschenken. Und Hops wird operiert, damit Schnuffi nicht ständig Kinder von ihm bekommt. Das geht ganz einfach – für eure Tierärztin ist das kein Problem."

Maxi staunt: „Woher weißt du das denn alles?" Mit großen Augen sieht er Papa an. Der lacht: „Aus einem Buch, mein Großer." Dabei streicht er über Maxis Kopf. Das mag Maxi gar nicht.
„Ich bin kein Baby mehr!", ruft er. „Und Lesen kann ich auch bald!"

Dann gehen sie zurück ins Haus und erzählen Mama und Papa alles Wichtige über Kater Karlchen.

Sina beschreibt sein schwarzweißes Fell und die goldgelben Augen, seine runden Sockenpfötchen und die Verletzung im Ohr. Und dass Tilly Tierlieb ihn einen Schmusekater genannt hat, erzählt sie auch.

Max beschreibt, wie der kleine Kater ganz allein im Park saß. Wie er sich auf die Salami gestürzt hat. Wie er Tilly und ihn und Sina und Lenni mit dem Köpfchen so markiert hat, dass sie jetzt alle zu Karlchen gehören. Und dass die

Tierärztin gesagt hat, er wird mal groß und stark.
Am Ende betteln beide: „Bittebitte, dürfen wir ihn behalten?“ Papa sieht Mama an. Mama sieht Papa an. Dann sieht sie Sina und Maxi an.
„Also, ich weiß ja nicht“, beginnt sie.
Das klingt gut!
„Bittebittebitte!“, schreien Sina und Max.
„Naja“, sagt Mama und sieht Papa an. Der sagt gar nichts, aber er strahlt.

Und dann sagt er doch noch etwas: „Hattest du nicht selber Katzen, als du klein warst?“ Dabei strahlt er einfach weiter.
Mama strahlt jetzt auch. „Und die waren alle super“, bestätigt sie stolz.
„Karlchen ist auch super, Mami! Ganz bestimmt!“ Maxi will weiterreden, aber Sina ruft dazwischen: „Er ist wirklich lieb – der tut Schnuffi-Kindern bestimmt nichts!“

Maxi zuckt zusammen. An die Kaninchenbabys hat er gar nicht mehr gedacht. „Karlchen ist doch selbst ein Kind“, sagt er schnell, „und Kinder halten zusammen!“
Mama gibt ihm Recht: „Wenn Tierkinder zusammen aufwachsen, gewöhnen sie sich aneinander und werden Freunde. Sogar Hund und

Katze. Die vertragen sich sonst überhaupt nicht.“

„Außerdem“, ergänzt Papa, „werden Kaninchen schnell erwachsen. Nach wenigen Wochen kann man sie schon von der Mutter trennen. Wenn wir sie wie besprochen verschenken, ist Karlchen immer noch klein und harmlos.“

Maxi atmet auf: Ein Glück, dass Karlchen nicht Kater Carlo ist! Sinas Jubelschrei reißt ihn aus den Gedanken: „Heißt das, wir dürfen Karlchen behalten?“
„Na, erst will ich den Kleinen mal sehen“, antwortet Mama und tut streng. Aber sie strahlt. Das ist die Hauptsache.

Am nächsten Tag kommen Max und Sina erst nachmittags nach Hause, weil sie für das Schulfest proben. Sofort stürmen sie zur Hasengrube. Sie ist unberührt. Also geht es Schnuffi und den Kleinen gut.
„Denen passiert hier nichts. Keine Angst“, ruft ihr Vater herüber. Erst jetzt bemerken die beiden, dass er auf der Terrasse sitzt und Zeitung liest. Dabei grinst er schon wieder.

Bis über beide Ohren.
„Kommt bitte mal her“, sagt er.
Und er sagt es in einem Ton wie Weihnachten.

Neugierig laufen Maxi und Sina zu Papa. Was er wohl zu erzählen hat? Bestimmt hat es mit Kater Karlchen zu tun!
Doch Papa beginnt: „Wisst ihr, was das ist?“
Dabei wedelt er mit der geöffneten Zeitung, dass es nur so raschelt.
„Na, eine Zeitung“, mault Maxi und setzt gleich dazu: „Aber ich kann auch bald lesen!“
„Das brauchst du gar nicht“, grinst Paps. „Zumindest nicht im Moment.“
Sina ist empört.
Max wundert sich – und Papa lacht.
Er ist richtig übermütig.

„Erst mal ist das eine Nachmittagszeitung: Sie wird morgens geschrieben, mittags gedruckt und nachmittags verkauft. Das bedeutet, dass man das Neueste vom selben Tag lesen kann."
Sina und Max sagen gar nichts. Sie wundern sich und warten ab.
„Zweitens", fährt Papa fort und macht sein Nikolausgesicht. Jetzt ist klar: er hat eine Überraschung im Sack.
„Zweitens ..."
Er macht eine kleine Pause.
„Sag schon!", ruft Maxi. „Mach!"
„Bitte!", sagt Sina und boxt ihren Bruder an. Manchmal muss man eben freundlich sein. Dann bekommt man schneller, was man will. Meistens jedenfalls.
Doch Papa ist es ganz egal, ob sie

freundlich fragen oder nicht. Er kann es selbst kaum erwarten, den Kindern seine Entdeckung zu zeigen. Jetzt breitet er die Zeitung auf dem Terrassentisch aus und wiederholt: „Zweitens … gibt es hier einen Bericht von heute Vormittag. Da geht es um eine Katzenstation. Im Jasminweg.“

„Waaas?“ Max und Sina sind fassungslos. „Die von Frau Schwarz?“ „Ja“, schmunzelt Paps. Er kichert richtig. „Und es sind Fotos dabei.“ Jetzt reißen ihm Sina und Maxi fast die Zeitung aus der Hand. Doch dann beugen sie sich halbwegs gesittet über den Tisch und sehen auf die ausgebreiteten Seiten. Dort gibt es mehrere Fotos.
Auf einem ist ein fluffiges Kätzchen

zu sehen. Es ist schwarzweiß: Schwarz an den Ohren und um die Augen. Schwarz am Kopf und am Rücken – bis zur Schwanzspitze. Weiß am Hals und am Bauch – und an den Pfoten. An jedem Beinchen ist der weiße Pfotenfleck unterschiedlich hoch. Hinten sieht es aus wie Fußballerstrümpfe, vorne eher wie Söckchen. Und an einem Vorderfuß sogar wie ein Füßling.

„Karlchen!“, schreit Maxi.
„Ist er in der Zeitung?“, fragt Sina und Papa antwortet natürlich: „Das siehst du doch!“
Sina fragt nach: „Wieso denn? Was steht da? Lass mich mal lesen!“
Doch jetzt ist Max auf Draht. „Nein“, ruft er dazwischen. „Papa, lies vor!“

Das tut Papa. Obwohl der Artikel ziemlich lang ist. Da steht eine Menge drin: Dass Frau Schwarz sich seit langem um herrenlose Katzen kümmert. Dass viele Menschen ihr Geld schicken, damit sie ihre Ausgaben bezahlen kann. Dass der Verein bald zehn Jahre alt wird. Und dass eine bekannte Tierärztin die Tiere kostenlos betreut.
„Das ist Tilly Tierlieb!“, ruft Max dazwischen, aber er ist ganz schnell

ganz leise. Jetzt kommt nämlich das Beste an der ganzen Geschichte: Papa liest vor, was noch dasteht: Dass erst gestern die hundertste Katze zu Frau Schwarz gebracht wurde, und dass sie Kater Karlchen heißt.

Jetzt stimmen Max und Sina ein Jubelgeheul an. Sie rasen zum Telefon, um Lenni Bescheid zu geben.

„Der Kleine kommt ganz schön groß raus“, ruft ihnen Papa hinterher. Und Mama sieht aus dem Bad, als die drei durch die Wohnung poltern. „Euer Karlchen ist ein Star“, sagt sie und strahlt schon wieder: „Der ist ja süß!“
Sofort bleiben Max und Sina stehen und sehen Mama fragend an. Sie trauen sich gar nicht, laut zu fragen. Doch Mama gibt ihnen die Antwort auch so: „Wir holen Kater Karlchen noch heute Abend. Ihr dürft ihn behalten.“

Tipp vom Tierarzt

1. Passt eine Katze in unsere Familie?

Katzen haben etwas, das sie von allen anderen Haustieren unterscheidet – jedenfalls die meisten Katzen von den meisten anderen Tieren: Katzen haben ihren eigenen Kopf.

Einen eigenen Charakter haben ja viele Tiere – Hasen, Ponys oder Hunde. Sie alle können fröhlich sein oder vornehm, schüchtern, wild oder faul, neugierig oder anschmiegsam. Katzen aber zeigen ihre Persönlichkeit auch dadurch, dass sie nicht das tun, was sie sollen, sondern das, was sie wollen.

Manchmal stimmt das zufällig überein – dann freut sich der Mensch und denkt, er hat die Katze dressiert. Oft stimmt es aber auch nicht und die Katze tut etwas ganz anderes, als ihr Mensch erwartet. Dann ärgert sich der Mensch und denkt, die Katze ist wild oder frech – oder einfach dumm.
Die Katze denkt sich wahrscheinlich, der Mensch ist schwer von Begriff: „Der muss noch eine Menge lernen!"
Damit dir das nicht passiert, solltest du als erstes die Katzensprache lernen. Und du musst die Katze respektieren.

Viele Katzen hassen lautes Geschrei. Wenn du Geschwister hast und ihr gerne herumtobt, dann passt zu euch am besten ein Kätzchen, das schon an Kinder gewöhnt ist.

Schwierig wird es, wenn schon ein Hund im Haus lebt. Hunde und Katzen sprechen nämlich verschiedene Sprachen und deshalb gibt es ständig Missverständnisse.
Bei Hunden ist das Pfötchengeben zum Beispiel freundlich gemeint. Wenn Katzen die Pfote heben, heißt das: Vorsicht, Kralle!

Am besten klappt das Zusammenleben, wenn Hund und Katze gemeinsam aufwachsen oder mindestens eines von beiden Tieren noch jung ist, wenn es zur Familie kommt. Aber selbst dann darfst du die beiden nicht sofort aufeinander loslassen. Erst müssen sie in getrennten Zimmern bleiben und danach die Zimmer tauschen. So gewöhnen sie sich an den Geruch des anderen.

Mit größeren Kaninchen oder Meerschweinchen können auch ausgewachsene Katzen gut Freund werden. Vorsichtig musst du nur bei Fischen, Vögeln, Hamstern und anderen Kleintieren sein. Katzen sind Jäger – sie angeln. Und sie versuchen, Vögel zu fangen. Aquarien musst du deshalb abdecken, wenn eine Katze ins Haus kommt. Vogel- oder Hamsterkäfig stellst du am besten so auf, dass die Katze gar nicht erst drankommt. Das erspart den kleineren Tieren eine Menge Stress. Und die Katze versucht nicht ständig, durch die Gitterstäbe zu greifen oder den Käfig umzuwerfen. Katzen sind nicht gern allein. Das schlimmste, was einer Katze passieren kann, ist, dass ihr Mensch oder ihre Familie morgens aus dem Haus geht und erst nachmittags zurückkommt. Acht Stunden sind für eine Katze eine Ewigkeit. Wenn sie so lange allein zu Haus ist, wird sie trübsinnig oder krank. Oder regelrecht verrückt.

Ist in deiner Familie mehr als einen halben Tag lang niemand zu Hause? Soll die Katze außerdem nur in der Wohnung bleiben? Dann versuch deine Eltern zu überzeugen, gleich zwei Kätzchen zu holen. So haben sie immer jemanden zum Spielen und fühlen sich wohl.

2. Wie richtet man eine Katzenwohnung ein?

Für eine Katze muss man verschiedene Dinge besorgen. Eines brauchst du wahrscheinlich schon, bevor der neue Bewohner ins Haus kommt: einen Tragebehälter. So kannst du die Katze später auch zum Tierarzt bringen oder auf eine Reise mitnehmen.

In der Wohnung braucht sie einen Schlafkorb, je einen Wasser- und Futternapf, eine Katzentoilette mit Katzenstreu, einen Kletterbaum und Spielzeug.

Katzen spielen mit den unterschiedlichsten Dingen. Womit sie sich besonders gern beschäftigen, steht weiter hinten. Besonders wichtig ist der Kletterbaum. So kann sich deine Katze auch im Haus austoben und die Krallen wetzen – ohne dass sie die Tapeten zerfetzt oder den Lack vom Regal kratzt. Kletterbäume kann man selbst bauen, es gibt sie aber auch in jeder Zoohandlung. Sie bestehen aus einem Rundholz, das senkrecht in die Höhe steht und mit einer Schnur umwickelt ist. Rundherum sind an einigen Stellen plüschbezogene Brettchen befestigt, die wie kleine

Terrassen vom Baum abstehen. Von hier aus hat die Katze eine gute Übersicht. Unten am Baum gibt es außerdem eine Kiste mit rundem Einstiegsloch. In dieser Kuschelhöhle kann die Katze sich verstecken.

Wenn ihr keinen Platz für einen Kletterbaum habt, kannst du es auch mit einem Kratzbrett versuchen. Das ist ein Stück Brett mit Teppichüberzug, das du schräg an die Wand lehnst – am besten da, wo deine Katze immer vorbeikommt. Zum Beispiel neben ihrem Schlafplatz, denn nach dem Aufwachen reckt und streckt und dehnt sich deine Katze erst einmal ganz wohlig, ehe sie in ihren Tag spaziert.

3. Was mag meine Katze?

Katzen brauchen Freiheit. Am liebsten natürlich auch Freigang, also Auslauf. Wenn das nicht geht, musst du sie sehr gut beschäftigen, damit sie in der Wohnung nicht trübsinnig werden – oder verrückt spielen. Je nach Charakter.

Beschäftigung ist deshalb vor allem für Wohnungskatzen ganz besonders wichtig. Weil Katzen gerne lauern, sich anschleichen und Fangen spielen, ist alles, was rollt, ein großer Spaß für sie. Das kann ein Pingpong-Ball sein, dem die Katze hinterherjagt, oder eine hölzerne Garnrolle, eine Plüschmaus (aber ohne Augen, sonst verschluckt

sich die Katze an den Einzelteilen), ein Papierknäuel oder ein ausgestopftes und zugenähtes Babysöckchen. Am besten eines, das mit Katzenminze gefüllt ist. Dieser Duft macht Katzen nämlich ganz wild vor Vergnügen. Genauso wie Baldrian, Thymian und Zitronenmelisse. Wenn diese Pflanzen in ihrer Nähe wachsen, sind Katzen von vorneherein gut gelaunt. Keine Angst: Sie fressen die Pflanzen nicht an – das tun sie nur bei echtem Gras. Sie brauchen das zu ihrer Verdauung.

Wenn deine Katze in der Wohnung lebt, kannst du etwas Katzengras für sie in eine Schale pflanzen. Sie kann dann immer, wenn sie ein bisschen Magengrummeln hat, daran herumknabbern und sich selbst etwas Gutes tun.

4. Wie füttere ich meine Katze?

Der erste und der letzte Weg einer Katze führt jeden Tag zum Futternapf. Morgens und abends sollten deshalb feste Fütterungszeiten sein. Kleine Kätzchen brauchen allerdings auch dazwischen kleine Mahlzeiten, sie fressen drei bis vier Mal am Tag.

Am besten gibst du Katzenfutter aus der Dose. Es enthält alles, was die Katze braucht. Reste musst du allerdings entfernen und den Napf mit heißem Wasser ausspülen, sonst bilden sich Keime und die Katze wird krank.

Zum Trinken ist Wasser das Beste. Kuhmilch ist für Katzen schwer verdaulich.

Sie sollte deshalb mit Wasser verdünnt werden. Der Wassernapf deiner Katze sollte immer gefüllt sein. Wenn deine Katze aus der Blumenvase oder aus Pfützen trinkt, ist ihr das frische Leitungswasser in ihrem Trinknapf unangenehm. Vielleicht riecht es nach Chlor. In diesen Fällen hilft es oft schon, das Wasser ein paar Stunden stehen zu lassen.

5. Was kann ich für die Gesundheit meiner Katze tun?

Leider gibt es eine Menge Pflanzen, die für Katzen giftig sind: Buchsbaum, Efeu, Feuerbohne, Goldregen, Hahnen-fuß, Leberblümchen, Maiglöckchen, Rittersporn, Schneeglöckchen, Seidel-

bast, Tollkirsche, Weihnachtsstern und viele, viele mehr. Zum Glück passiert es äußerst selten, dass Katzen an diesen Pflanzen knabbern.
Meistens vergiften sich Katzen an ganz anderen Dingen, zum Beispiel Unkrautvernichtungsmitteln, Ölen oder Frostschutzmitteln, die sie irgendwo auflecken. Dann bekommen sie Krämpfe, Atembeschwerden, Durchfall oder müssen erbrechen. In diesen Fällen hilft nur eins: Der Tierarzt – oder die Tierärztin, und zwar schnell.

Wenn die Nase läuft und die Augen tränen, hat die Katze … Katzenschnupfen. Zunächst einmal hilft ihr dann dasselbe wie dir: Fieber messen (37,8 bis 39,2 Grad ist normal), Kamillendampfbad vors Körbchen und vor allem: warm halten. Und wenn der

Schnupfen nicht nachlässt – ab in die Tierpraxis! Katzenschnupfen ist eine ernst zu nehmende Krankheit!

Das Wichtigste für die Gesundheit deiner Katze ist aber Vorsorge. Einige der schlimmsten Katzenkrankheiten kann man so verhindern. Zum Beispiel den Katzenschnupfen, aber auch Katzenseuche, Tollwut und andere Krankheiten mit komplizierteren Namen. Deshalb musst du mit einem Kätzchen möglichst früh zur Tierärztin oder zum Tierarzt gehen.
Schon im Alter von zwei Wochen bekommen Kätzchen die erste Wurmbehandlung. Danach gibt es jede Woche eine, bis die Katze zwölf Wochen alt ist. Die meisten Impfungen werden in der neunten und zwölften Lebenswoche vorgenommen. Andere, wenn

das Katzenbaby 16 und 19 Wochen alt ist. Danach gibt es jährliche Auffrischungen, damit der Impfschutz anhält.

Gegen Ungeziefer wie Flöhe oder Zecken gibt es leider keine Vorsorge. Sie können frei laufende Katzen immer wieder mal befallen. Da hilft nur eines: entfernen – bei Zecken durch Abdrehen mit der Pinzette, bei Flöhen durch Tropfen, die ins Genick geträufelt werden – und desinfizieren. Bei Zecken nur die betroffene Hautstelle, bei Flöhen die ganze Umgebung: Schlafhöhle, Kuscheldecke, Fußboden.

6. Warum ist die Katzensprache so wichtig?

Um Missverständnisse zu vermeiden, musst du die wichtigsten Signale der Katzensprache kennen – die natürlich auch Kater sprechen. Katzen kratzen nämlich nicht aus heiterem Himmel, wie viele Menschen glauben. Sie kündigen es sogar an – nur eben in der Katzensprache und die besteht aus viel mehr als nur Miau. Katzen sprechen zum Beispiel mit den Augen.

Und mit den Ohren.

Katzenaugen verändern sich je nach Lichteinfall: Wenn es sehr hell ist, werden Katzenaugen schmal und schlitzförmig. Nur in der Dämmerung werden ihre Pupillen richtig rund.

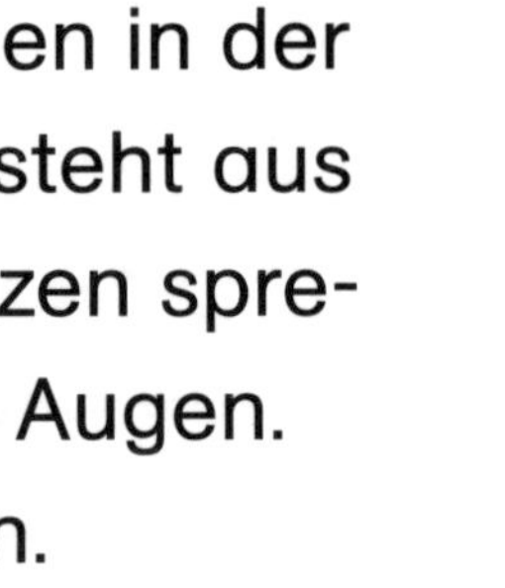

Sind sie aber groß und rund, obwohl es draußen oder im Zimmer hell ist, dann hat die Katze große Angst. Sie wird dann unberechenbar – entweder sie läuft weg oder sie fährt die Krallen aus.

Ähnlich ist es bei den Ohren: Normaler-

weise zeigen ihre Öffnungen nach vorne oder in unterschiedliche Richtungen, wenn spannende Geräusche aus verschiedenen Richtungen kommen. Wenn die Katze aber beide Ohren so weit zur Seite klappt, dass sich die Rückseite der Öhrchen nach vorne dreht, ist Vorsicht angesagt: Achtung, die Katze ist sauer – gleich gibt's was!

Am meisten aber sagt dir deine Katze mit dem Schwanz. Er dient als eine Art Stimmungssignal. Zeigt er nach oben wie ein Fähnchen, ist die Katze gut gelaunt und begrüßt dich mit ‚Hallo'.

Wenn dabei die Spitze nach hinten baumelt, ist die Katze entspannt. Umgekehrt ist es, wenn der ganze Schwanz hängt oder flach nach hinten zeigt. Hängt er, hat die Katze große Angst und will gleich fliehen. Steht er waagerecht nach hinten ab und ist dabei womöglich auch noch aufgeplustert, ist das ein Kampfsignal: Die Katze fürchtet sich vor nichts und greift gleich an.

Hängt der Attacke-Schwanz am Ende durch, ist die Katze wütend und ängstlich zugleich: eine besonders gefährliche Mischung.
Am wichtigsten ist aber zu wissen, was ein Katzenschwanz besagt, der unruhig

hin und her zuckt oder auf den Boden peitscht: Die Katze ist unschlüssig. Zum Beispiel dann, wenn sie vor der Terrassentür sitzt, damit ihr Mensch sie endlich rauslässt. Nur: Es regnet. Also: Soll ich? Oder soll ich nicht? Fragt sich die Katze und ihr Schwanz schlägt hin und her.
Genauso geht es einer Katze, wenn sie vom Kraulen genug hat und der Mensch das nicht bemerkt. Eigentlich will sie ihm ja nicht wehtun – aber wenn er es einfach nicht kapiert? Also: Soll ich? Oder soll ich nicht? Und wenn der Mensch dann immer noch nicht aufhört, kriegt er eben – leider – einen Kratzer ab.

Hat die Katze gefressen, wird sie meistens träge. Auf Streicheln hat sie dann gar keine Lust – und auf Spielen erst

recht nicht. Am besten lässt du sie eine Weile in Ruhe.
Wenn sie wieder spielen will, wird sie dir das schon sagen: Indem sie dich fest ansieht, ein Bällchen hervorzerrt, dir mit dem Näschen ans Bein stupft oder sich einfach vor dir auf den Rücken wirft. Das heißt dann: „Uuuh – ich möchte so gern gekrault werden. Am besten hier: am Bauch!“
Als Katzenversteher machst du das natürlich – aber nur so lange, bis die Schwanzspitze zuckt!

TIPP VOM TIERARZT

Geprüft von der Tierärztlichen Klinik
Dr. Eichhorn & Dr. Faulstroh,
Frankfurt am Main

Geschichten erzählen war für **Margot Scheffold** schon immer das Größte. Sobald sie schreiben konnte, bastelte sie für ihre jüngere Schwester Bücher. Oft ging es darin um Tiere, denn davon gab es im und ums Forsthaus jede Menge. In Haus und Garten, im Wald und beim Bauern. Im Lauf der Zeit kam so ein ganzer Zoo zusammen. Bald waren die Geschwister Expertinnen für Hasen und Katzen, Hunde und Ponys, Igel und Vögel. Dabei sammelten sie auch jede Menge Erfahrungen beim Tierarzt. Heute lebt Margot Scheffold als Kinderbuchautorin in Luxemburg.

Dorothea Tust ist in Langenberg im Rheinland geboren und hat in Wuppertal Grafikdesign studiert. Seit ihrem Studium arbeitet sie als freie Illustratorin und hat bislang zahlreiche Kinderbücher und viele, viele Geschichten für die Sendung mit der Maus gezeichnet. Sie lebt in Köln.

Spannende Abenteuer

Sina und Max leben am Stadtrand. Grund genug, ein eigenes Tier zu haben: Sina wünscht sich ein Pony, ihr Bruder Max will einen Hund. Doch als der Sommer kommt, kommt – Schnuffi.
Kann der Hase einen Hund ersetzen? Max und Sina zweifeln keinen Moment daran und sind hellauf begeistert von ihrem Haustier, das fröhlich durch den Garten hoppelt.

Margot Scheffold / Dorothea Tust
Tierärztin Tilly Tierlieb
Band 1: Hase Schnuffi

128 Seiten, Hardcover,
S/W-Illustrationen
ISBN 3-8339-3601-0
€ 8,90 (D)/€ 9,20 (A)/sFr 16,50

- Amüsante Erstleser-Reihe rund um die beliebtesten (Haus-)Tiere
- Mit Tipps vom Tierarzt

Empfohlen ab 7 Jahren

www.baumhaus-verlag.de

ür pfiffige Tierfans

In der Nähe eines Ausflugslokals entdecken die Tiernarren Sina, Max und Lenni ein grauweißes Pony. Sina ist begeistert. Max auch – bis Lenni erzählt, dass das Pony Probleme macht.

Margot Scheffold / Dorothea Tust

Tierärztin Tilly Tierlieb
Band 2: Pony Rocky

128 Seiten, Hardcover,
S/W-Illustrationen
ISBN 3-8339-3602-9
€ 8,90 (D)/€ 9,20 (A)/sFr 16,50

Endlich geht Maxis größter Wunsch in Erfüllung: Er bekommt einen Hund! Allerdings denken seine Eltern an eine Hundepatenschaft für ein Jahr. Maxi ist entsetzt: Der kleine Labrador Balu soll doch sein Freund fürs Leben werden!

Margot Scheffold / Dorothea Tust

Tierärztin Tilly Tierlieb
Band 4: Hund Balu

160 Seiten, Hardcover,
S/W-Illustrationen
ISBN 3-8339-3604-5
€ 8,90 (D)/€ 9,20 (A)/sFr 16,50

Sina

liebt Pferde über alles. Sie hat ihr Zimmer mit Pferdepostern geschmückt und träumt von einem eigenen Pony. Außerdem schwärmt sie heimlich für Lenni.

Max

Maxi, Mini-Max, 6 Jahre alt. Für Sinas kleinen Bruder steht fest: Ein richtiger Mann braucht einen Hund! Oh Mann, oh Mann – ist das so schwer zu verstehen!

Lenni

wohnt mit seiner Mutter und Zwergkaninchen „Hops“ in einer Stadtwohnung. Er kennt sich mit Tieren aus und ist einfach cool. Deswegen ist er Maxis großes Vorbild.